江南寻园记

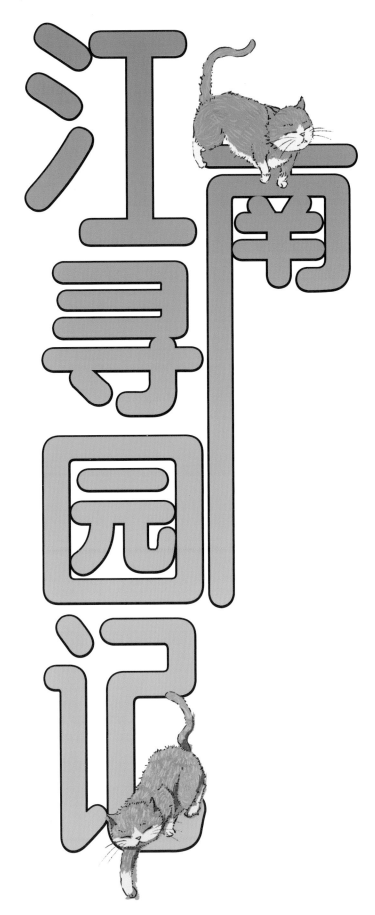

秦同千 主编

陈汉煜 绘图

上海燊榕古建保护研究中心 —— 技术支持

朱 朱 撰稿

上海文化出版社

SHANGHAI CULTURE PUBLISHING HOUSE

大家好，我叫**民民**，是一个小小"**古建筑迷**"，很高兴认识你们！

在长达几千年的历史长河中，勤劳而又智慧的中华民族留下了数不清的、多姿多彩的古建筑。人杰地灵的江南则是这些古建筑的一个精华所在。那里的建筑不仅古老，而且还能讲出许许多多奇妙的故事呢！

这一次，我要带你们去美丽的江南园林。不过，光用"美丽"来形容江南园林是远远不够的！到了那里你们就知道啦！

当然，和我们一起的，还有那位古老又渊博的精灵——"卷轴伯伯"，以及我的好朋友小美。

让我们马上启程吧！

中国最富盛名的私家园林在江南，而江南最具代表性的园林在苏州。苏州园林可以说是建筑中最富画意情趣的存在，它师法自然，范山模水，讲究步移景换，亭、台、楼、阁、水榭、回廊等空间丰富多变，在有限的园中创造出无限的意境。它既有实用功能，又饱含艺术品味；代表着物质追求，更体现了精神境界。

园林是立体的中国画，随着时令（春、夏、秋、冬）与天气（雨、雪、阴、晴）的变化，在不同时刻产生不同的风景意趣。因此，江南园林可谓是空间与时间交错融合的艺术品。

这门楼就是园林的
入口啦?

没错。江南园林常常把砖雕门楼
作为入口。

这门楼和以前看到的民居门楼很像呢。

这是自然。因为他们都属于江南建筑嘛。不过,江
南园林的门楼也有自己的特点。像这种用砖逐皮挑出的装
饰叫"三飞砖",还有一种是以斗栱为装饰的门楼被称为
"牌科"墙门,斗栱在江南就叫做"牌科"呢。

三飞砖? 这名字好
有意思啊。

这个叫"垛头",它在山墙两边,
可以起到加固墙体的作用。

民民——

这是进门的第一个厅堂，又这么大，一定是个重要的地方吧！

没错，这个是园林中最主要的建筑，也叫"主厅"。"凡园圃立基，定厅堂为主"，江南园林一般都会有一座较大的厅或堂，位于园林的中心地位，来奠定整个园林的体势和主调。

这屋脊和以前看过的民居也不太一样。

你现在真是一个古建筑小专家啦！江南园林建筑的屋脊样式也是多种多样的，主要是两端装饰物不同，叫法也不同。普通的房子一般用纹头脊，也就是屋脊两端用回纹装饰；像主厅这样重要的建筑，屋脊两端用鱼龙装饰的，就叫鱼龙脊。

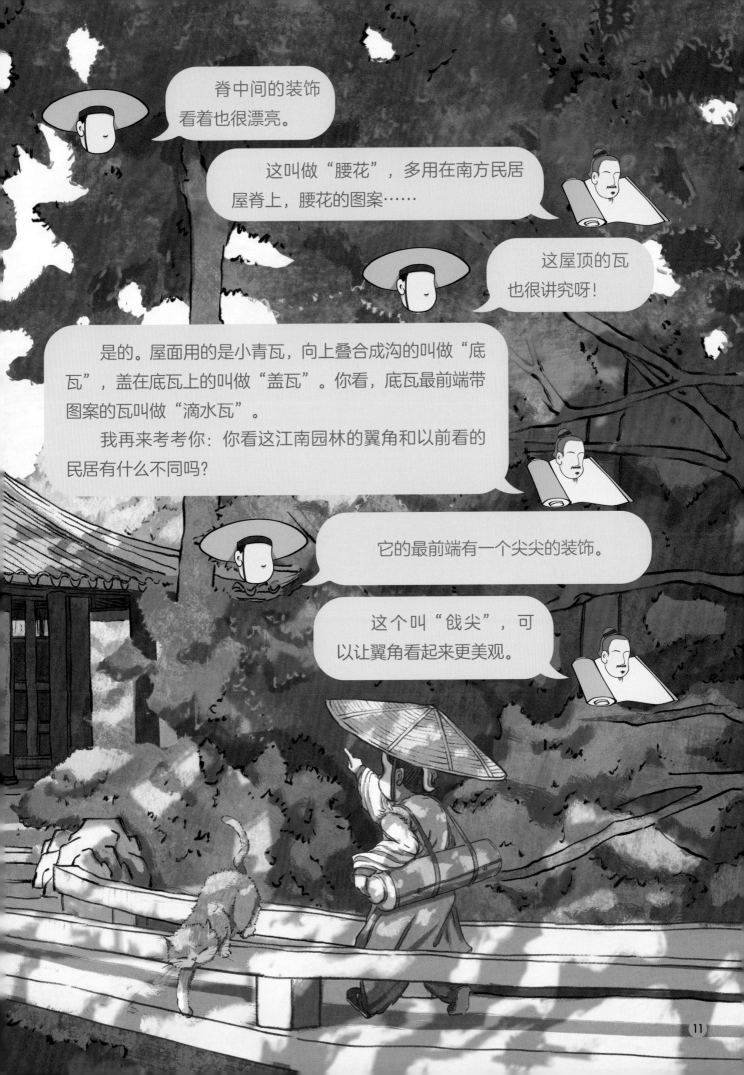

脊中间的装饰看着也很漂亮。

这叫做"腰花"，多用在南方民居屋脊上，腰花的图案……

这屋顶的瓦也很讲究呀！

是的。屋面用的是小青瓦，向上叠合成沟的叫做"底瓦"，盖在底瓦上的叫做"盖瓦"。你看，底瓦最前端带图案的瓦叫做"滴水瓦"。

我再来考考你：你看这江南园林的翼角和以前看的民居有什么不同吗？

它的最前端有一个尖尖的装饰。

这个叫"戗尖"，可以让翼角看起来更美观。

　　古人有云："奠一园之体势者，莫如堂。"主厅堂从名字、位置、建筑、陈设等无不体现了造园者的匠心，也代表了园主的品位与志趣。园林主人在主厅中或观景，或宴请，或谈诗，或抚琴，体现了古代士大夫知识分子对理想生活的追求。

不愧是主厅，真是个看景的好地方呀！

一点没错，主厅往往建在风景最好的地方，古人造园说主厅"先乎取景，妙在朝南"呢。像这样四面都可以赏景的厅堂叫做"四面厅"，而且每一面的景色都大有不同。你看，西有曲廊，北通水轩，东看远山……远景近景、仰观俯视，内外呼应……

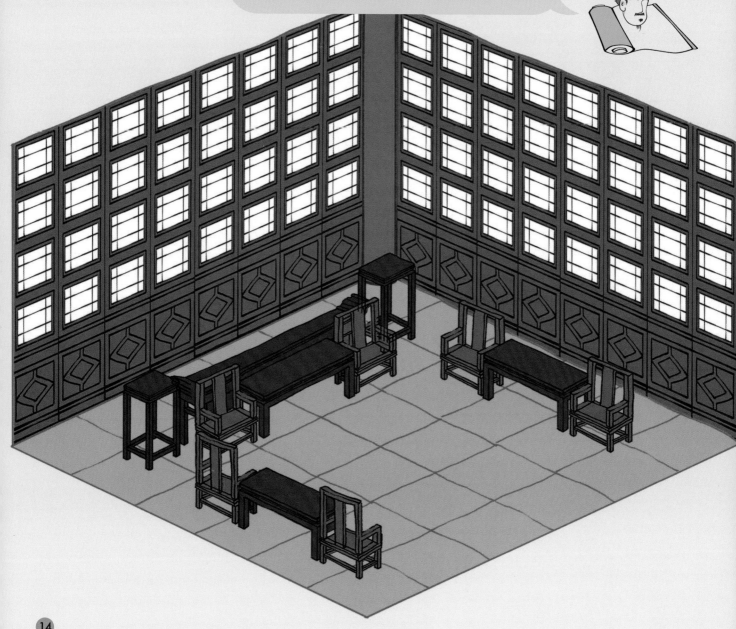

與誰同坐軒

江山如有待
花柳更無私

啧啧，真是太厉害了！这里也有对联呢。

是啊，园主都希望园林能体现自己的文化修养。怎么体现呢？除了造园的意境，这些匾额和对联也是好方式。它们有很多都是名家题字，甚至还有皇帝御赐的呢！

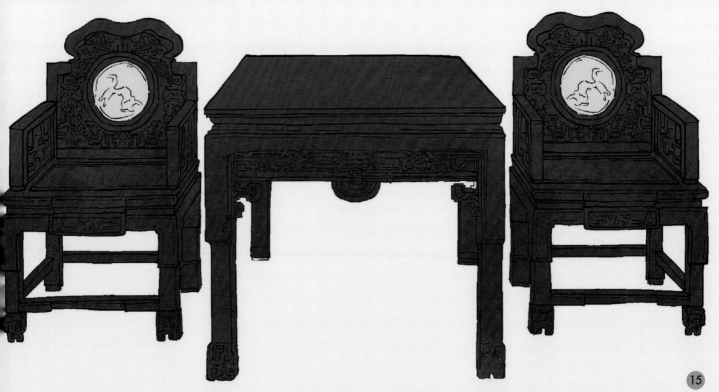

又是那个背影，就是它在叫我的名字！（赶至圆门处）怎么突然又不见了！难道这园林里有机关不成？

这里可没有机关哟，这是园林曲径通幽、先抑后扬的造景手法。用圆门框景，遮隔景深，营造一种似看见又看不见的效果。古人诗句里"庭院深深深几许"的意境，也是这种手法来实现的呢。

意境是很美啊，就是这门把人的视线都给挡住了……

等你走进去就能感受到这门的好处啦！园林造景追求景色真实自然，好像天然造化生成的一样。"虽为人作，宛如天开"，说的就是这个意思。这也是古代造园者向往天人合一精神的体现呀。

江南园林的造景艺术可谓登峰造极，常见的有对景、引景、借景、障景等手法。比如这些不同样式的门，框门、葫芦门、瓶门等，给人营造门外门内两种完全不同的感觉，就是障景：门外看景有种"琵琶半遮面"的感觉，走进门内却又豁然开朗。

还真有点魔法的感觉呢！

还有更像魔法的呢！来，你从这里往远处看。

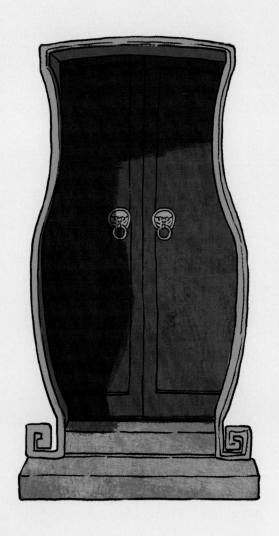

那里有一座塔！

那是园外的塔，但它的倒影却留在了园内的湖面上，这就是"借景"啦。你再从这里往对面看。

对面是一座亭子呀。

没错，你从那个亭子里也能看到这里的景观，它们是相互对视的，这种手法就叫"对景"。

真神奇！

这中间用木板隔起来，也是为了障景吗？

这是"太师壁"。不仅可以障景，还能分隔空间。太师壁两侧常常会装设小门，可以让人由此进入内室。

原来是小美啊……这种窗户好是好，就是和刚才的门一样，让人没办法一下子看到所有景观。

这个叫"漏窗"，也叫花窗，花型有很多种。它形成的"漏景"也是造景的重要手法，起到沟通渗透内外景的作用，也能让风景更引人入胜呢。你看，透过这个漏窗，是不是隐约看到一片花丛，却又看不真切，让人更想去一探究竟呢？

快看，地上有一只仙鹤！

这是地面的铺装，是用砖瓦、石片等材料铺成的装饰。有几何形状的，也有动物形状的，不仅多种多样，寓意也很好。看看你能找到几种？

这个是蟾蜍。

这个是花篮……

哎，这水面上有一条船！

哈哈，这是船形建筑，叫做"舫"。这种建筑模仿了古代船的样子，它建在岸边，和这里的水景相得益彰。

还真有一种划船看风景的感觉呢！

你说的没错。舫建筑的底部虽然是用石头砌成的，但它的上部是木结构，有前舱、中舱、后舱，这就和真船很像了，风吹皱池水的时候，就像"船在画中游"。等到荷花开的时候，逢着雨天，如坐舟中……放飞一下你的想象力，是不是很有情趣？

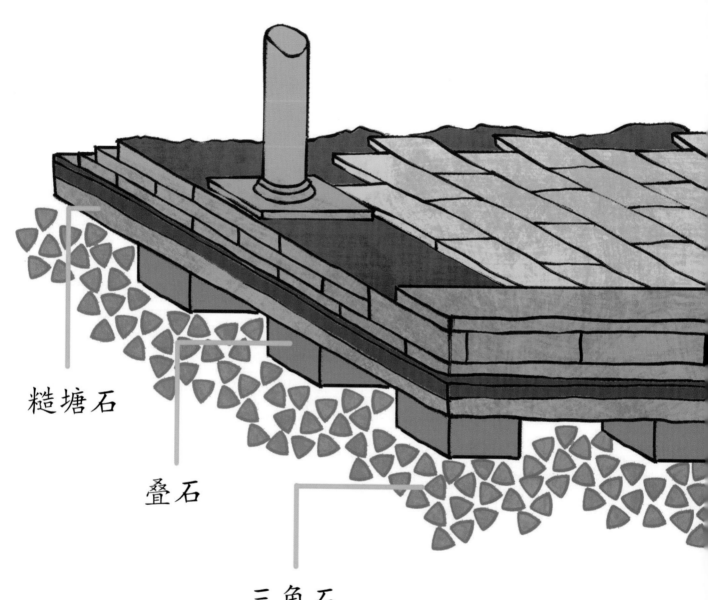

糙塘石

叠石

三角石

江南园林不仅注重艺术美，还要注重实用性，这就需要造园者独具匠心。坚固的地基是江南园林建筑最重要的基础。造园者在打造地基时，除了要严格挑选基材，程序也相当复杂：先开挖基槽，在最下面铺三角石，然后铺叠石，四周再铺糙塘石。

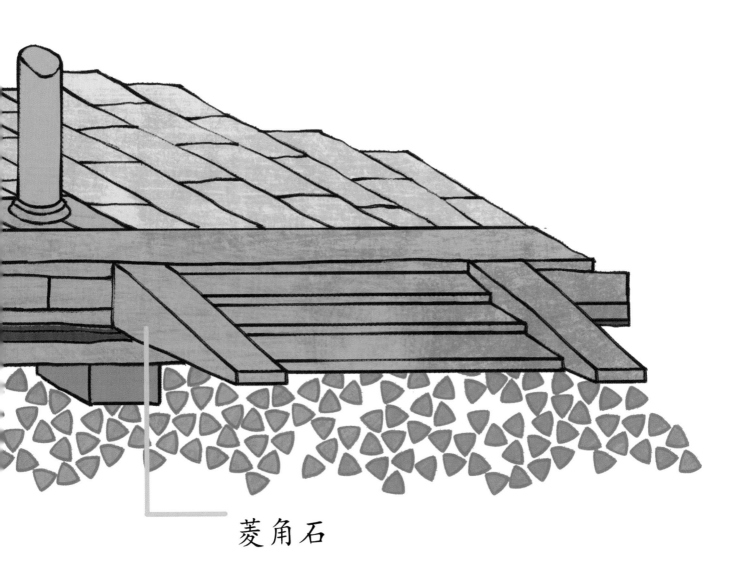

菱角石

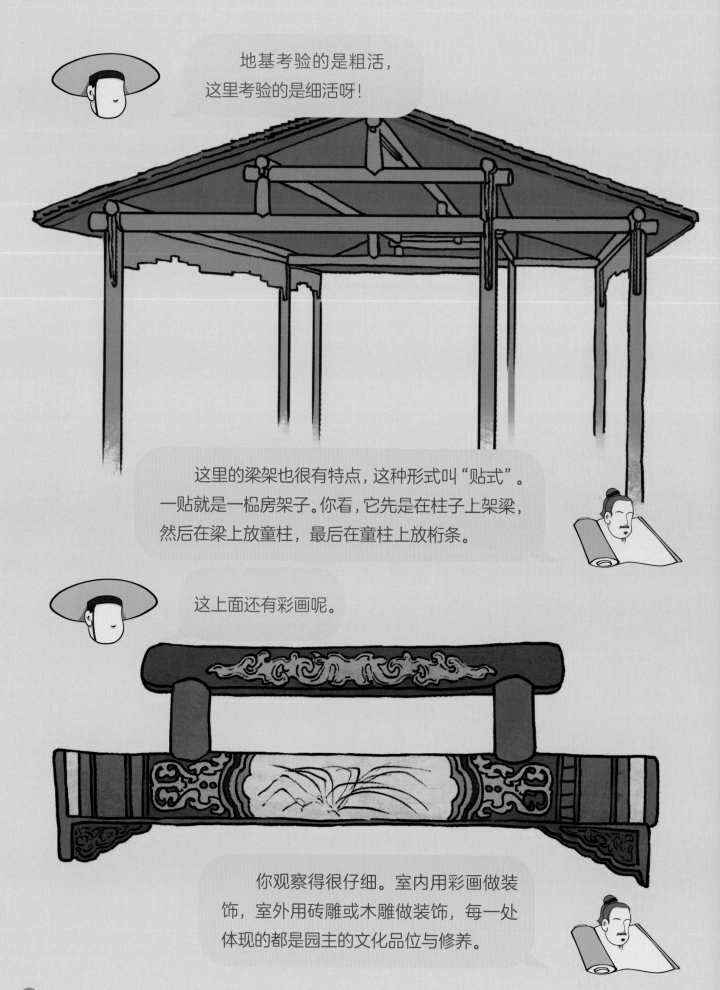

地基考验的是粗活，
这里考验的是细活呀！

这里的梁架也很有特点，这种形式叫"贴式"。
一贴就是一榀房架子。你看，它先是在柱子上架梁，
然后在梁上放童柱，最后在童柱上放桁条。

这上面还有彩画呢。

你观察得很仔细。室内用彩画做装
饰，室外用砖雕或木雕做装饰，每一处
体现的都是园主的文化品位与修养。

这窗户上的装饰也能
体现园主的品位！

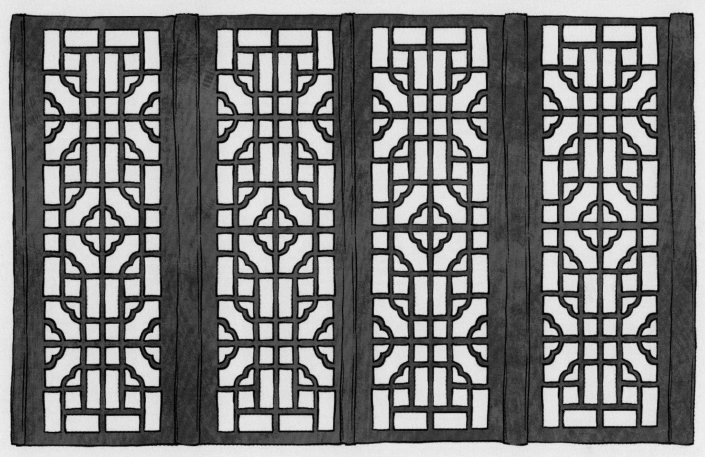

一点没错。窗户上的纹样不仅形
式各有不同，题材也丰富多样。

每一扇窗都
是一段故事呢！

总结得很到位！

这里又是一段走廊！不过，和刚才那个不同，这里的墙上刻着碑文。

这些书法碑文也是一道景观！人们可以一边走一边欣赏这些出自名家的书法。这当然也是园主文化修养的体现。

这是一边游览一边涨知识呀！

哇！这个亭子不一般，金碧辉煌的！

这里是"水亭"。你看亭子里的匾额是御制的。清代乾隆皇帝下江南时，在不少江南园林都停留过，还曾为其中一些亲笔题词。这也是园主身份与荣耀的象征。

这亭子倒是个聚会的好地方呀！

没错。亭也是"停"的谐音，到这里就是要停下来慢慢欣赏哟。

　　江南园林可以说是建筑、水系、花木精妙结合的艺术品，而水亭则是这三者的结合点。因此，园主在建造亭子时都相当讲究。亭有双亭、独立亭、半亭之分，按结构则可分为更多类型。炎炎夏日，园主通常会携家人与宾客在水亭下相聚纳凉，别是一番好滋味。

你看，这个是"独峰"，通常是一整块石头。这是"山峦"，就是用山石堆叠成高峻起伏的"假山"。这是"石洞"，需要先做石室山洞，然后在上面堆叠假山，最后再盖亭子栽苗木。这个是"溪涧"，模仿的是自然界中的山涧。

堆假山的过程也叫"叠石掇山"，
有独特的工艺技术，石峰从美学上讲
究"透、瘦、皱、漏"，或层次分明、
各显美姿，或回环曲折、奇妙探幽。

假山形态也是千变万化，可以引发游览者的兴趣与
想象。假山与周边理水的结合呼应，使得湖石交辉生色。
寄情于石，寓意于峰，将造园匠心体现得淋漓尽致。

终于从迷宫里出来了！这里正好有个石凳，我要歇一歇！

这石凳也是园林一景哟！像这样的石凳、石鼓，或者水中的石塔，体积较小，所以就被称为"小品"。它们点缀在园林各处，更能增加韵味。

园林里真是处处是景呀！可是……
那个人到底是谁呢？我要再去那个房子
里找找！

这个房子怎么比其他房子小很多？

这是园林中的"小筑"。江南园林通常占地不大，这样的小筑不仅能更好地利用面积，也体现了江南园林中建筑的"雅朴"，可以做到以小见大。

　　江南园林在景色与建筑上追求雅和朴，可以在有限的空间内达到以少胜多、以简胜繁的效果。园林中不乏一间半、两间半的特殊小筑，虽简单朴素却又不失意境之美，是园主及家人养性读书的好地方。

图书在版编目 (CIP) 数据

江南寻园记 / 秦同千主编 ; 陈汉煜绘 ; 朱朱撰
. —— 上海 : 上海文化出版社 , 2022.9
ISBN 978-7-5535-2347-7

Ⅰ . ①江　Ⅱ . ①秦　②陈　③朱　Ⅲ . ①古典园
林 – 建筑艺术 – 华东地区 – 少儿读物 Ⅳ . ① TU-092.2

中国版本图书馆 CIP 数据核字 (2021) 第 146814 号

出　版　人：姜逸青

策　划　人：杨　婷

责任编辑：金　嵘

整体设计：施喆菁

书　　　名：江南寻园记

作　　　者：秦同千 主编　陈汉煜 绘　朱朱 撰

出　　　版：上海世纪出版集团　上海文化出版社

地　　　址：上海市闵行区号景路 159 弄 A 座 2 楼　201101

发　　　行：上海文艺出版社发行中心

　　　　　　上海市闵行区号景路 159 弄 A 座 2 楼 206 室　201101

印　　　刷：上海安枫印务有限公司

开　　　本：889 × 1194　1/16

印　　　张：3.5　插页 1

印　　　次：2022 年 9 月第一版　2022 年 9 月第一次印刷

书　　　号：ISBN 978-7-5535-2347-7/TU.011

定　　　价：66.00 元

告 读 者：如发现本书有质量问题请与印刷厂质量科联系　021-64520199